给孩子的财商教育课

程丽萍 刘郭方 李 文 王向进 编著

华东师范大学出版社
·上海·

图书在版编目（CIP）数据

给孩子的财商教育课/程丽萍等编著.—上海：
华东师范大学出版社，2021
ISBN 978-7-5760-1310-8

Ⅰ.①给…　Ⅱ.①程…　Ⅲ.①财务管理—少儿读物
Ⅳ.①TS976.15-49

中国版本图书馆CIP数据核字（2021）第058700号

给孩子的财商教育课

编　　著　程丽萍　刘郭方　李　文　王向进
策划编辑　王　焰
责任编辑　蒋　将
审读编辑　张梦雪
责任校对　范　薇　时东明
封面设计　卢晓红
版式设计　宋学宏
插　　图　大　鹿

出版发行　华东师范大学出版社
社　　址　上海市中山北路3663号　邮编 200062
网　　址　www.ecnupress.com.cn
电　　话　021－60821666　行政传真 021－62572105
客服电话　021－62865537　门市（邮购）电话 021－62869887
地　　址　上海市中山北路3663号华东师范大学校内先锋路口
网　　店　http://hdsdcbs.tmall.com/

印 刷 者　上海昌鑫龙印务有限公司
开　　本　787×1092　16开
印　　张　9.75
字　　数　140千字
版　　次　2021年5月第1版
印　　次　2021年5月第1次
书　　号　ISBN 978-7-5760-1310-8
定　　价　40.00元

出 版 人　王　焰

编委会

主　任：张玉姝

副主任：程丽萍　武海涛

编　委：刘郭方　李　文　王向进
　　　　郭　玲　杨晓敏　肖　洁

目 录

认识本书人物

江苏省宜兴市人。

我国杰出的会计学家、会计教育家，被誉为"中国现代会计之父"。

他先后创建了立信会计师事务所、立信会计专科学校和立信会计图书用品社，开创了"三位一体"的立信会计事业。

潘序伦爷爷
(1893—1985)

江苏省苏州市人。

我国著名的思想家、经济学家，中国提出社会主义市场经济理论的第一人。

顾准曾在立信求学、工作，是潘序伦的学生，后投身革命，解放后任上海市首任财政局局长、税务局局长。

顾准爷爷
（1915—1974）

短发高个男孩，小学四年级。性格开朗，爱交朋友，大人眼中的"十万个为什么"。喜欢军事、运动和电脑。业余时间常常阅读关于军事和网络科技方面的书籍。班级里的电脑小能手。爸爸是资深金融分析师，妈妈是一所中学的教师。

立威　9岁

短发女孩，小学四年级，与立威同班。性格文静，心思细腻，善于筹划，是家里的"小小管家"。喜欢布娃娃、饰品和探险，也是电脑小能手。业余时间常常阅读探险题材书籍，是《国家地理》杂志的忠实粉丝。爸爸是电子通讯工程师，公司高管，妈妈是全职家庭主妇。

阿信　9岁

第一单元

你的 “钱”

第 **1** 课　不可或缺的"钱"

 故事屋

想一想

　　小朋友们，思考一下，你有哪些计划是因为钱不够而不能实现的？你有没有详细计算你的小小计划究竟需要多少钱呢？

探究小达人

什么是预算？身边的人对于预算有什么不同的解释？小组合作，一起来探究吧。

小组合作设计方案

● 我们小组的成员：

_____

_____

● 我们的探究方式：

_____

_____

● 什么是预算？

_____

_____

● 做预算有什么作用？

_____

_____

● 你身边的人是否了解预算，是否经常做预算？

_____

_____

🔊 **小贴士：**可以通过询问自己身边的人了解知识。

什么是预算？

预算是一个财政概念，指经法定程序审核批准的国家年度集中性财政收支计划。我们也常常借用来指一项活动或事业的收支计划。比如，计划去海边玩，主要有两项支出：路费50元+冰淇淋50元。因此，需要有100元＝50元+50元的收入。预算收支应该平衡，如果支出大于收入的话，活动或事业就无法进行了。

货　币

货币就是我们所说的钱。货币有两项基本职能，交易媒介和财富贮藏。交易媒介指我们购买时要支付货币；而财富贮藏指一个人拥有的货币越多，他的财富越多。人人都需要买东西，也希望拥有财富，所以货币对我们来说是不可或缺的。

故事屋

顾爷爷，我分类废纸一天最多赚10元，目前总共36元。立威总是不专心，经常捡废纸里的漫画书看，他才赚了25元。这样下去整个暑假也去不了几次海边啊！

不是啊，第一天只有几元。

呵呵，好啊！钱再少也是你们劳动所得，是真正属于你们自己的钱。你们从一开始一天就能赚10元吗？

那怎么多起来的呢？

熟练，我们熟练了。第一天只能分类5公斤，现在有10公斤了呢！

噢！是劳动技能提高了。那能不能让劳动技能再提高一下呢？

怎么提高啊？不明白！

10

 想一想

聪明如你，是否可以帮助立威和阿信解决目前的难题呢？如何才能提高劳动技能呢？

顾准爷爷出主意

想一想，想一想！对了！废纸中不是有漫画书吗？如果你们在分理站能找到像漫画书这样有可读价值的图书，把它们卖给社区图书室……

对啊！

你们慢点跑，呵呵！

两个孩子径直向分理站跑去。

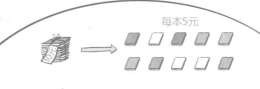

每本5元

顾爷爷，顾爷爷，您的主意太好了！我们在分理站找到好多还可以阅读的书。以每公斤10元的价格买过来，然后以每本5元的价格卖给社区阅览室。每公斤差不多10本书，我们净赚40元呢！

呵呵，好啊！那你们怎么知道哪些是阅览室需要的书呢？

这个还真费了一番功夫呢！为了知道这个，我们去市图书馆查了一天的资料。原来，我们国家的图书都有ISBN号，没有的属于杂志或其他印刷品，而ISBN号中包含了图书分类信息。我们就找有完整ISBN号的书，然后按照ISBN号分类整理，最后交给社区阅览室的叔叔阿姨。他们还夸我们整理得好，便于图书分类上架呢！嘻嘻！

创意智多星

同学们，你们还有什么好点子可以帮助我们在废纸分理站找出有价值的书籍或者印刷品呢？

帮助立威与阿信分书小妙招

- 我的金点子：

_____

_____

_____

_____

_____

_____

- 具体操作：

_____

_____

_____

_____

_____

劳动与劳动技能

怎样才能得到钱呢？就是靠我们的劳动来获得报酬。劳动是财富的源泉。

但是，劳动报酬并不相同，主要根据劳动技能区分。劳动技能越高，相应的报酬越多，也就是赚的钱越多。比如，立威和阿信在分类不熟练的时候一天只能赚5、6元，熟练了以后可以得到近10元。当他们学会了图书分类的技能之后，他们1公斤的图书交易就可以净赚40元。

劳动根据技能所属类别获得相应报酬。劳动技能的类别包括，一般体力劳动、一般脑力劳动、企业家才能、科学家创造等，社会认可的报酬也依次从低到高。

人力资本与教育

提高本国公民的劳动技能水平，是各国政府竞相追逐的目标。实现劳动技能水平提高需要人力资本投资。国家主要依靠教育投资来提高本国的人力资本。发达国家每年将国家收入的40%以上投入教育事业，我们国家也在向该目标迈进。

第 **3** 课　财富和商业银行

故事屋

　　两个孩子经过一番努力终于如愿以偿。他们可以经常来海边玩,吃冰淇淋了,但是孩子们似乎没有想象中那么快乐。

> 怎么了孩子们?你们这么快就完成计划了,应该高兴才对!

> 这里前几天来过了,一点都不好玩。

> 我也不想再吃这个冰淇淋了。爷爷,怎么会这样呢?

> 呵呵,其实物质上的满足带给人的快乐是有限的。如果我告诉你们,去过社区阅览室的大人和小朋友们对你们的书赞不绝口,还说你们俩是环保小卫士。你们觉得怎么样?

　　两个孩子的脸上同时泛起灿烂的笑容。

想一想

　　同学们，你们是如何管理自己的压岁钱的呢？除了放在存钱罐里面，你们能给立威和阿信一些建议吗？这就是财富管理。

　　他们可以这样做：

想一想，想一想！对了！银行，你们可以把赚来的钱存入银行，让它们变成一笔财富，将来需要的时候再使用。

财富？

对！把赚来的钱存入银行，就是存款。当存款达到一定数额时，存款就变成了你的财富。在你不使用这笔财富的时候，银行把它借给需要的人，让财富发挥作用，同时银行还会向你支付利息。这就是我们把钱存入银行，而不是放在存钱罐里的原因。

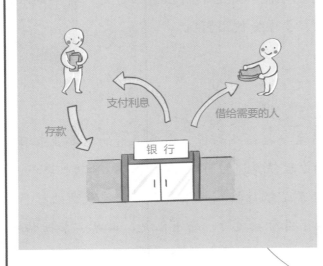

支付利息

存款

借给需要的人

银 行

走吧，孩子们！我们现在就去找一家银行，把你们暂时不用的钱存进去，你们将会体验到财富是如何积累起来的。

积累与财富

具有价值的东西就称为财富。立威和阿信通过图书交易每次可收入40元，但这并不是财富。因为40元钱数额太少。当他们把每一笔钱都存起来，便可以积累成财富。钱足够多时，他们可以用于购买学习用具、旅游，甚至可以投资企业。可见，财富是在辛勤劳动的基础上，不断积累而来的。

怎么才能积累更多的财富呢？一方面，要通过提高劳动技能，增加收入；另一方面，要靠勤俭节约降低支出。这样更多的财富就会被积累下来。因此，各国推崇人力资本投资的同时，也非常注重勤俭节约社会风气的打造，还记得"光盘行动"吗？

在财富积累的过程中，我们自己往往用不到这么一大笔钱。如果放在存钱罐里面，财富并不能发挥它的作用。如果存入银行，银行可以将它借给需要的人，财富才能实现它的价值。银行是一种帮助人们积累财富的现代金融机构，要学会使用啊！

商业银行

我们平时所说的银行主要指商业银行。商业银行的主要业务有吸收公众存款、发放贷款和办理结算，对存款支付利息、贷款收取利息。存款利息与贷款利息的差额是银行收入的主要来源。现代商业银行的业务范围越来越广泛，除了存贷款之外，还有汇兑、储蓄、票据贴现、证券投资、理财等业务，是承担信用中介的金融机构。

第 4 课　驾驭财富

故事屋

暑假就要结束了,今天顾爷爷让两个孩子来家里做客,总结一下暑期的收获。

孩子们,你们的暑假就要结束了。这个暑假,你们都有什么收获啊?

我知道了,货币拥有交易媒介和价值贮藏职能,因此不可或缺。钱来自于我们诚实的劳动。

还有还有,积累才能得到财富,可以利用现代商业银行管理财富,让财富服务更多人。

爸爸妈妈投资我们学习,国家投资教育事业,这都是在投资人力资本。我们会获得更高的劳动技能。如果还能做到勤俭节约,财富积累的速度就更快了。

呵呵,好,好啊!

顾爷爷,我为了去海边玩和吃冰淇淋而赚钱,最后感觉索然无味。也就是说,我将来为了奢侈消费而工作,肯定会迷失方向,对吗?

对,我们不能为了钱而工作,而是应该成为财富的主人。如何才能驾驭财富呢?我们需要进一步了解企业。

 实践不停步

分组参观家庭附近的商业银行。商业银行有哪些部门构成？业务流程有哪些？它是怎么管理财富的呢？

参观商业银行

活动主题：

姓名：　　　　　　　　　　　　　　　班级：

组别名称：　　　　　　　　　　　　　活动时间：

活动地点：　　　　　　　　　　　　　活动方式：

我的准备：（请用简短的语言描述本次活动前所作的准备，例如资料的查阅等）

我的计划：（请用简短的语言描述本次活动的目标）

活动过程：（配图并加以语言描述本次活动的大致过程）
格式要求如下：

活动图片1

语言描述活动1

活动图片2

语言描述活动2

我的思考与收获：

第二单元

企业的 "钱"

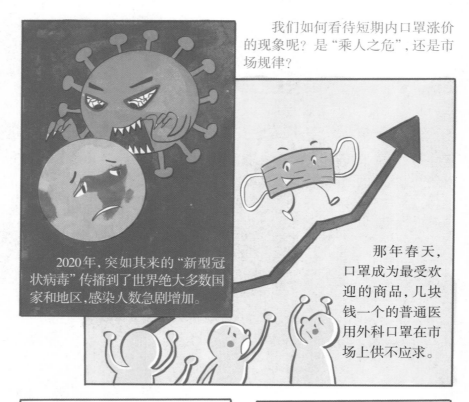

故事屋

2020年，突如其来的"新型冠状病毒"传播到了世界绝大多数国家和地区,感染人数急剧增加。

我们如何看待短期内口罩涨价的现象呢？是"乘人之危"，还是市场规律？

那年春天，口罩成为最受欢迎的商品，几块钱一个的普通医用外科口罩在市场上供不应求。

由于疫情,学校无法开学,立威和阿信这对小伙伴憋在家里感到很沮丧。

爸爸妈妈抱怨口罩市场供应太少,根本买不到。他们想：如果成立一个口罩制造企业，就可以生产更多的口罩,帮助有需要的人了。

口罩

什么是创业呢？自主创立企业的动机有哪些？自主创立企业一定
会赚钱吗？

 潘序伦爷爷讲知识

自主创业就是依靠自己的力量创办实业，获得财富。

 阅读角

2018年，苹果公司成为世界范围内企业价值总额第一个突破1万亿美元的企业，但是有谁知道，它刚开始只是一个名不见经传的小企业。以现在的水准来看，苹果公司制造的首台个人电脑"Apple Ⅰ"，就像是玩具。

我们国内也有很多自主创业成功的企业家，这些人都是白手起家，敢走不同的路，挑战新事物，创造了前所未有的成就，将一个小企业打造成罕见的大公司。

顾准爷爷出主意

　　创业并不会轻而易举地成功，能够获得投资者资金助力的企业寥寥无几，可以说，大多数新创企业都以失败告终。至于乔布斯等人，只能说是众多创业者中的奇迹，他们首先是有很好的想法，然后将想法转化为行动，最后将行动转化为事业。想法和成功之间存在无数的障碍，坚持下来的人凤毛麟角。你是否有足够的毅力与韧性去承受创业途中的煎熬？你能否承受创业失败的后果？如果答案是肯定的话，那么就去创造你的奇迹！

企业是什么呢？谁都可以开吗？

我叔叔开了一家服装公司,企业和公司的区别是什么?

两个好朋友就"企业"这个问题讨论起来。

　　企业一般可以分为个人独资企业、合伙企业和公司企业三种形式。公司是企业的一种组织形式，属于以营利为目的的，为从事商业经营活动而成立的企业法人，也就是说，公司一般是为赚钱而成立的组织。

　　公司可以被叫做"法人"，也就是把公司当成一个"虚拟人"。当依照法律规定的程序，创始合伙人一起注册成立了一家公司以后，在法律上，这个公司就是一个独立的个体了，可以独立行使权利、承担义务。就像我们自然人一样，公司作为一个"虚拟人"以公司的名义对外交往，比如签订合同，发生交易等，而不是以公司内部某个股东的个人名义进行这些活动。

　　既然公司具有独立的人格，公司责任和股东责任就必须分开，对外经营过程中，公司需要以公司自己的全部财产对外承担责任，如果钱不够了，那就只能走破产清算程序，不能越界让股东来额外承担。也就是说，谁欠的钱谁来还，公司还不起钱了，就只能关门倒闭，股东只会损失之前的投资。

小贴士

《中华人民共和国公司法》对公司的开立条件有明确规定，我国公司分为有限责任公司和股份有限公司。

- 有限责任公司：是指公司全体股东对公司债务仅以各自的出资额为限承担责任的公司。
- 股份有限公司：是指公司资本划分为等额股份，全体股东仅以各自持有的股份额为限对公司债务承担责任的公司。

写一写

列举你所知道的公司及其所属的行业和提供的产品或服务。

公 司 名 称	所 属 行 业	提供的产品或服务

第 **2** 课　商品的价格

故事屋

叔叔有一家服装公司，是不是可以在疫情期间转型为口罩制造公司呢？

阿信，目前市场上的口罩特别稀缺，你知道口罩的价格是怎么确定的吗？

想一想

口罩的价格是怎么形成的呢？是什么导致了短期内口罩价格上涨的呢？

潘序伦爷爷讲知识

商品的价格＝成本＋利润。

价 格
↕利 润
↕成 本

成本是指生产一种产品所需要的全部费用。

生产一件衣服的成本		
1	原材料费	购买布料的费用
2	设计费	服装设计师的酬劳
3	辅料费	购买拉链,纽扣等费用
4	人工费	服装制作工人的工资

 写一写

生产医用口罩的成本包括哪些?

生产医用口罩的成本		
1		
2		
3		
4		

请你帮助立威想一想,同样都是肉,牛肉为什么会比猪肉贵? 你能给立威答案吗?

口罩种类颇多,创办医用口罩制造公司需要相关部门审核办理注册证和生产许可证,包括:医疗器械生产许可证、医疗器械注册证和第二类医疗器械经营备案等相应资质;必要的物资,如:无尘车间、机器设备、工人、无纺布等。

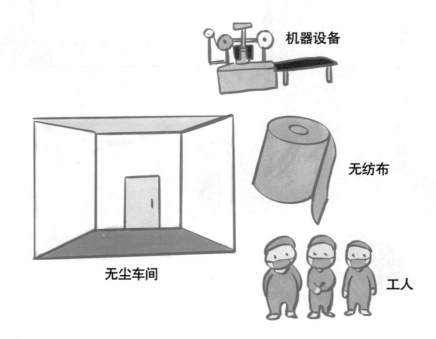

机器设备

无纺布

无尘车间

工人

购置这些物资就离不开"钱"啦,那么一家企业的"钱"来自于哪里呢?

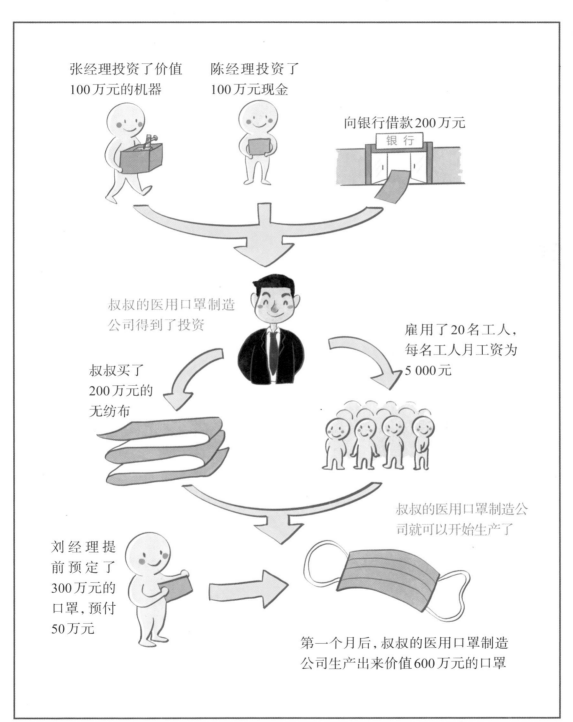

张经理投资了价值100万元的机器

陈经理投资了100万元现金

向银行借款200万元

银行

叔叔的医用口罩制造公司得到了投资

雇用了20名工人，每名工人月工资为5 000元

叔叔买了200万元的无纺布

叔叔的医用口罩制造公司就可以开始生产了

刘经理提前预定了300万元的口罩，预付50万元

第一个月后，叔叔的医用口罩制造公司生产出来价值600万元的口罩

 潘序伦爷爷讲知识

经营收益＝收入—成本

 请你算一算

此时叔叔的医用口罩公司的经营收益是多少？（假设机器投资一次性计入成本，以及不考虑税收）

叔叔的医用口罩制造公司的经营收益＝_____

 40

企业的资金来源包括：

1. 股东投入的资本金（实收资本）

资本是指股东对企业的投资，可以是现金的形式，也可以是其他资产的形式（图：现金、机器、技术人员、土地、技术等形式的投资）

小贴士：这些投资可以归类为四种类型：物质资本、人力资本、自然资源和技术知识。

2. 债权人投入的资金（如：短期借款、长期借款）

3. 商业信用资金（如：预收账款、应付账款）

4. 企业的经营净利润（未分配利润贷方余额）

5. 暂借款（如：其他应付款）

6. 暂时未支付的款项（如：应付工资）

请你来思考一下，以下两项投资分别属于哪一类资本？

张经理投资的 100 万元机器属于：_____

陈经理投资的 100 万元现金属于：_____

探究小达人

请尝试连线把各项一一对应吧！

张经理投资的
100万元机器

陈经理投资的
100万元现金

医用口罩制造公司的
经营收益_____万元

股东投入
的资本金

债权人投
入的资金

商业信用
资金

暂时未支
付的款项

企业的经
营净利润

刘经理提前预
定口罩，预付
50万元

叔叔向银行借
款200万元

雇佣20名工人工
资总计10万元

潘序伦爷爷讲知识

企业的资产是指能够被企业合法控制的，可以给企业带来收益的生产要素，包括有形资产和无形资产。

 探究小达人

请你用正方形圈出有形资产，用圆形圈出无形资产。

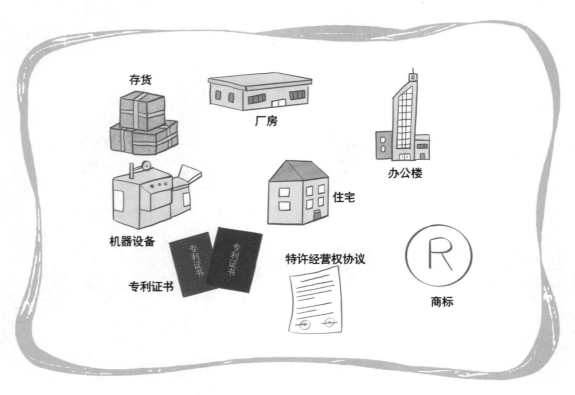

存货

厂房

办公楼

机器设备

住宅

专利证书

特许经营权协议

商标

潘序伦爷爷讲知识

股东的投资会转化为企业的资产。

 你我来交流

请你想一想张经理和陈经理的投资怎样转化为医用口罩制造企业的资产，从而为企业带来收益？

张经理的投资：

_____

_____

_____

陈经理的投资：

_____

_____

_____

潘序伦爷爷讲知识

资产生成的利润可以转成资本。

叔叔向银行借款200万元，假设一个月后付银行利息50万元，那么企业的经营收益扣减银行利息，剩下的钱应该归属于投资者。

写一写

最初，投资者的资本包括两方面：张经理投资的100万元机器和陈经理投资的100万元现金。偿还银行利息后，投资者的资本包括三方面：

1. _____

2. _____

3. _____

第 **4** 课　资本与证券

 故事屋

　　叔叔的医用口罩制造公司运营三年之后，想要扩大生产规模，但是建造无尘车间、引进机器设备、扩招工人等需要大量资金，仅依靠公司的自有资金和在生产经营过程中的资金积累来增加公司资本，是无法满足公司扩张需求的。此时，叔叔可以采取哪些方式增加公司资本呢？

 潘序伦爷爷讲知识

　　企业最主要的融资渠道是银行贷款。银行贷款是指银行以一定的利率将资金贷放给资金需要者，并约定期限归还本金和利息。

 小小调查员

　　请以你身边的某企业为例，调查一下银行对该企业发放贷款的申请条件和还本付息的期限、方式。

编号	银行名称	企业名称	申请条件	贷款利率表
1				
2				
3				

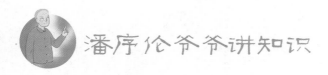

向银行申请贷款属于外部融资渠道，除了申请银行贷款以外，企业还有三种主要融资方式：

1. 债权融资：发行公司债券

2. 股权融资：发行股票、配股和增发新股

3. 半股权半债权融资：发行可转换债券

证券是多种经济权益凭证的统称，也指专门的种类产品，是用来证明券票持有人享有的某种特定权益的法律凭证。狭义上的证券主要指的是证券市场中的证券产品，常见的有股票、债券，以及期货、期权等。

 阅读角

中国第一股——"小飞乐"

1984 年 11 月 14 日，经人民银行上海分行批准，由上海飞乐电声总厂、飞乐电声总厂三分厂、上海电子元件工业公司、工商银行上海市分行信托公司静安分部发起设立上海飞乐音响股份有限公司，向社会公众及职工发行股票。总股本 1 万股，每股面值 50 元，共筹集 50 万元股金，其中 35% 由法人认购，65% 向社会公众公开发行。"小飞乐"成功公开发行股票，筹集了资金。

潘序伦爷爷讲知识

什么是股票呢？

　　股票是指股份公司为筹集资金而发行给各个股东作为持股凭证并借以取得股息和红利的一种有价证券。每股股票都代表股东对企业拥有一个基本单位的所有权。同一类别的每一份股票所代表的公司所有权是相等的。

 探究小达人

　　请你尝试通过专业的客户端或股票行情查询软件查询某上市公司的股票，并大致了解该支股票的一般情况吧！

查询日期	股票名称	股票代码	发行公司名称	上市日期	股票总市值	前一交易日收盘价

潘序伦爷爷讲知识

首次公开募股（IPO）：一家企业第一次将它的股份向公众出售。

上市：公司公开发行股票以后可以在交易所上市流通交易。中国目前有四个证券交易所：上海证券交易所、深圳证券交易所、香港证券交易所、台湾证券交易所。

 想一想

你能说出几个世界著名的证券交易所？

 50

什么是公司债券呢？

公司债券是指公司依照法定程序发行的，约定在一定期限还本付息的有价证券。它是投资者向公司提供贷款的证书，反映了投资者与公司之间的债权债务关系。每年可根据票面的规定向公司收取固定的利息，公司债券期限较长，一般在10年以上，债券一旦到期，股份公司必须偿还本金，赎回债券。

公司债券的票面一般载明下列内容：

- 发行公司或企业的名称、地址
- 债券的票面额
- 债券的票面利率
- 偿还期限和方式
- 利息的支付方式
- 债券发行日期和编号
- 发行公司或企业的印记和法定代表人的签章
- 审批机关批准发行的文号、日期等

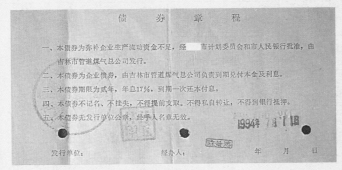

债券样例

实践不停步

请你结合叔叔的医用口罩制造公司的情况，设计融资方案吧！

第三单元

国家的收入

故事屋

由于没有感兴趣的节目，立威摆弄着遥控器，不断换台。突然，电视里出现了一则新闻：

本台从国家新闻办公室举行的"2020年一季度国民经济运行情况新闻发布会"上获悉：国家统计局新闻发言人表示，经初步核算，一季度国内生产总值206 504亿元，按可比价格计算，同比下降6.8%……

哇塞！个、十、百、千、万、十万，二十多万亿啊，那么多！这是哪一家企业？太牛了！

让咱们在网络上查查吧！

好像不只是一家企业。新闻上说，是国内生产总值，并不是企业的营业收入或者净收入。这到底是谁的收入呢？"可比价格"又是什么呢？

两个孩子来到了电脑前,立威在搜索词条中输入了"国内生产总值",于是电脑上跳出了一个词条。两个孩子皱着眉头,盯住电脑屏幕一字一字地读着。

是啊!不过,什么是"最终成果"?什么是"核算体系"? GDP究竟是什么含义?看了这个词条更加迷惑了!不过,好像明白了GDP可以反映国家的经济实力。那就是说,新闻中说我们国家的经济实力下降了,好担心呐!

噢!国内生产总值就是GDP啊!经常在财经新闻里看到,是吧?

是啊! GDP是怎么反映经济实力的呢?赶快把它提高起来不就行了!

在两个孩子疑惑的时候，妈妈推着吸尘器过来了。

妈妈，什么是GDP？它是怎么反映经济实力的？

这个嘛……诶！我刚才看到顾准爷爷在小区里面散步呢。你们不如去问问他。

两个孩子飞奔下楼，看到正在长椅上休息的顾准爷爷，争先恐后地提出自己的问题。

顾爷爷，顾爷爷，什么是GDP啊？它究竟是什么意思呢？

顾爷爷，搜索的词条，我怎么看不懂啊？ GDP是怎么反映经济实力的？

为什么要用可比价格衡量？新闻说GDP都下降了，这表示我们国家的经济不行了吗？

哎呦！孩子们，慢点说，慢点说，我的脑袋都要炸了，呵呵呵！你们关注了个人的钱和企业的钱，现在又关注国家的钱了。这很好啊！

国家的"钱"？

国家的"钱"？

对啊！GDP就是一个国家的收入，也就是国家的钱啊。

那为什么要核算呢？词条里说的最终产品又是指什么呢？

新闻报道说GDP下降了，我们国家没钱了吗？

呵呵，回答这些问题需要你们理解"国家的收入"是什么。

想一想

同学们，你们知道什么是GDP吗？请谈谈你的看法。

我的看法：

~~~~~~

~~~~~~

~~~~~~

~~~~~~

~~~~~~

~~~~~~

~~~~~~

~~~~~~

~~~~~~

~~~~~~

~~~~~~

~~~~~~

顾准爷爷出主意

 想一想,想一想！你们可以把国家想象成一个大家庭,这样就好理解多了。其实国家的收入和家庭的收入的道理是一样的！你们家的收入是怎么来的呢?

是爸爸妈妈辛苦劳动得到的收入啊!

 对,这就像一个国家生产出最终产品,进而获得收入。你们的爸爸妈妈每年都要计算一下家里的收入,是不是?

 国家层面的计算收入就是核算啊!

爸爸妈妈好像每个月都会计算一下,还讨论一番。

对啊！国家也会在每个季度核算一次。如果爸爸妈妈说某个月家里的收入下降了些，是不是说明家里没钱了呢？

不是的，只要以后几个月的收入增加，这一年的收入还是会提高的。

太棒了！新闻里说，我们国家的GDP在一季度有所下降，这并不意味着这一整年的收入一定会减少，还需看以后几个季度的情况。不用太担心。

只要全国人民一起加油，年底收入还是会提高的！哈哈哈！

国内生产总值（GDP）

一个国家的年收入，就像家庭收入一样。有了收入才可以支付各种开销，比如，同学们的衣服、文具、食品等。国家收入实际是国民生产的，所以正式的表达是国民收入。简单地说，国民收入就是国内各个家庭和企业的收入的总和，其计算过程就是国民经济核算。

每个国家在每个季度都会核算一次，年底再核算一次。这就形成了季度数据和年度数据。某个季度的变化并不能决定这一整年的变化，还要综合考虑其他三个季度的情况。

如果一个国家生产的产值越高，那么它的收入就越多，它购买商品的实力就越强，想买什么都可以购买，那么经济实力也就越强。所以世界各国公认用GDP来衡量一个国家的经济实力。

国内生产总值是国家的收入，当然国家也会有支出。当国家支出大于收入的时候，就像家庭一样，需要借钱。国家借钱有一个专用名词：发行国债。

故事屋

就要开学了,同学们都忙着为新学期积极准备。立威和阿信约好一起购物。可是,结账时,两个孩子发现自己的钱只够购买文具,不能随便购买自己喜欢的玩具,这让他们很沮丧。

他们计划购买的物品及其价格如下表:

阿信,这是怎么回事啊? 我们的钱突然买不起我们想要的商品了。

是啊,为什么啊?

文具和玩具价格变动表

名	价格	笔	本子	文具盒	头饰	玩具	合计
立威	原件	2元 ×4	3元 ×4	8元 ×1	15元 ×0	22元 ×1	50元
	现价	2.5元 ×4	4元 ×4	10元 ×1	18元 ×0	25元 ×1	61元
阿信	原件	2元 ×4	3元 ×4	8元 ×1	15元 ×1	22元 ×0	43元
	现价	2.5元 ×4	4元 ×4	10元 ×1	18元 ×1	25元 ×0	54元

想一想

同学们，你们知道是什么原因吗？

顾准爷爷出主意

想一想,想一想! 对了! 因为货币贬值,物价普遍上涨。

为什么买不起啊? 我们的钱怎么了?

货币贬值? 货币不就是我们用的钱吗? 它还会贬值?

两个孩子在小区门口遇见了顾爷爷。他们描述了今天的遭遇,向顾爷爷请教。

对啊! 我们使用的货币也是有价值的,因此才能购买我们想要的商品。如果货币的价值下降,它能购买的东西就会减少,就会导致购买力下降。

也就是说,由于货币价值下降,我们今天才不能买到原来那么多的商品。那货币一直贬值下去,我们不就什么也买不起了吗?

中央银行?

货币持续贬值,物价持续上涨的现象被称为通货膨胀。目前的情况只是一时的物价上涨,并不是通货膨胀。通货膨胀的确对一国的经济危害较大。所以各国都设立了中央银行,来控制货币价值或者购买力的波动。所以不必太担心!

潘序伦爷爷讲知识

通货膨胀

　　通货膨胀是指一国货币贬值，物价普遍持续上涨。也就是说，个别商品的价格上涨，或者价格短时间上涨，都不是通货膨胀。造成通货膨胀的直接原因是国家发行货币过多。比如，抗日战争时期的汪精卫伪国民政府，就发行了过多的金圆券，导致老百姓要推一车金圆券去购买大米。非洲的津巴布韦也发行了过多的货币，导致纸币面值达到100万亿元。

第 3 课　货币的管理机构：中央银行

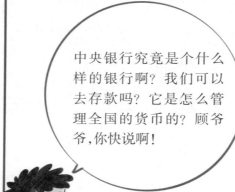

故事屋

晚饭时间了，立威和阿信还是拉着顾准爷爷不依不饶地问个不停。

中央银行究竟是个什么样的银行啊？我们可以去存款吗？它是怎么管理全国的货币的？顾爷爷，你快说啊！

呵呵，好！准确地说，中央银行不是银行，而是政府管理货币和金融的部门。最早的中央银行是由商业银行演变而来的，因此在其名称中加入了"银行"两个字。由于是政府管理部门，所以个人不能在中央银行存款。

中央银行也是货币发行的执行单位。简单来说，全国需要的货币多，中央银行就多发行；全国需要的货币少，中央银行就少发行。但是，全国的货币需求会受到很多因素影响，所以很难判断，因此中央银行也常有失误。如果全国需要较少的货币，但是中央银行发行多了，会引起通货膨胀。

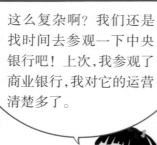

这么复杂啊？我们还是找时间去参观一下中央银行吧！上次，我参观了商业银行，我对它的运营清楚多了。

啊？那可不行！中央银行没有对个人办理的业务，不可以随便参观的。

那怎么办？好想搞明白啊！

想一想

同学们，中央银行怎么管理货币，你们有办法搞清楚吗？

中央银行

中央银行（Central Bank）指国家中居主导地位的金融中心机构，是国家干预和调控国民经济发展的重要工具。负责制定并执行国家货币信用政策，独具货币发行权，实行金融监管。

中央银行以国家货币政策制定者和执行者的身份，通过金融手段，对全国的货币、信用活动进行有目的、有目标的调节和控制，进而影响国家宏观经济，促进整个国民经济健康发展，实现其预期的货币政策目标。

故事屋

某地银行博物馆休息区

这里太有意思了。商业银行的前身就是古代的钱庄,钱庄也叫票号,那时候的利息叫贴水。历史上用过的钱币有:贝壳、刀币、五铢、金银、纸币,一直到最先进的电子货币。

嗯!顾爷爷,中央银行对一个国家来说太重要了。

是啊!

中央银行以保持本国货币价值稳定为目标。这样国民就可以放心地生产,不怕生产出来的产品因卖价过低而赔钱,也不用怕在高价的时候因没有生产出产品而损失。把国民生产出的产品的价格加总就是国民收入。它代表了本国的经济实力。

你理解得很好。如果一个国家的货币币值稳定,每年的国民收入又稳定增加,那么这个国家就会逐渐成为国际上的经济强国。而它的货币就能代表它的经济实力。

为什么啊?

国民收入不断增加，说明这个国家能够生产越来越多的商品。

货币的价值稳定，说明货币的购买力不会下降，能够购买越来越多的商品。或者说，这样的国家的货币代表了持续上升的购买力。

你说，拥有这样货币的国家，它经济实力能不强大吗？

顾爷爷，我们的人民币呢？它强大吗？

我们的人民币就像你们两个孩子一样，还在茁壮成长呢！

三个人不约而同地将目光投向窗外。窗外骄阳似火，灿烂炫目。

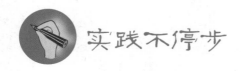

实践不停步

银行博物馆：人类都使用过哪些货币？中央银行是如何运行的？找到你的关注点探究一番吧！

参观银行博物馆

活动主题：	
姓名：	班级：
组别名称：	活动时间：
活动地点：	活动方式：

我的准备：（请用简短的语言描述本次活动前所作的准备，例如资料的查阅等）

我的计划：（请用简短的语言描述本次活动的目标）

活动过程：（配图并加以语言描述本次活动的大致过程）
格式要求如下：

活动图片1

语言描述活动1

活动图片 2

语言描述活动 2

我的思考与收获：

第四单元

不要忘记风险

从小到大,我们预期未来的生活愈加美好。但是,人生的旅途总是暗藏许多不期而遇的危机,例如疾病、事故、失业、意外等。只有坚固的"堡垒"才能够成为抵挡风险的防线,保障我们的幸福生活丝毫不受撞击。

故事屋

立威和阿信两位同学在社区废纸分理站负责分类、整理图书，但是他们遇到了一些问题。

要分类的书太多了，我们两个忙不过来，该怎么办呢？

要不我们不做了。

立威虽然这样说，但还是心有不甘。因为他想用自己赚的零花钱给妈妈买生日礼物。

做事要有始有终，自己的工作还是要认真完成的，聊聊开心的事情吧。暑假时爸爸妈妈准备让我参加快乐夏令营，那里有中英双语训练和纯正的户外探险，非常刺激好玩，好期待呢！

那一定价格不菲吧！

阿信想着自己以后不仅可以买各种玩具,还可以等疫情结束之后,随时到全世界旅游。这样美好的生活可以一直持续下去,她高兴极了!

是的,所以我还是想自己赚点零花钱。不过我爸爸年后将要升职了,薪水会比以前高很多!

哎,暑假是很美好,但是现在我们的工作太多了,要是能有个既能减少工作量,又不耽误赚零花钱的办法就好了……

想一想

　　同学们，立威期望不耽误上学的同时仍能赚零花钱；阿信憧憬未来一家三口过上衣食无忧、开销富余的美好生活。这些美好的愿景是否可以实现呢？

 创意智多星

同学们，你们还有什么好点子可以帮助我们呢？

帮助立威与阿信社区废纸分理站分书工作

- 我的金点子：

- 具体操作：

顾准爷爷出主意

立威、阿信，你们可以请几位学弟学妹们来帮助你们做图书分类的工作呀！

请人帮忙？对哦，请大家一起赚零花钱。

每人一下午大概整理出20本书，每本书净赚4元，一共净赚80元。

是呀，那也是不菲的收益哦！

　　立威和阿信赶忙从学校请来了小明、小红和小华等五位小帮手。从此，两人在安心学业的同时还能帮助同学一起赚零花钱。

你我来交流

立威和阿信的图书整理工作能否一直顺利进而经营无风险呢？

潘序伦爷爷讲知识

① 预期

父母期望儿女出行平安，儿女期望父母健康长寿；农民期望风调雨顺，商人期望财源广进；工人期望永不失业，白领期望老有所依。所有人都期望生活如已所愿。

② 风险

我们在生活中，会遇到难以预料到的事故和自然灾害，我们称之为风险。风险无处不在，并且我们无法预测风险什么时候发生，更无法预测风险发生后会造成什么样的后果。

第 2 课 爸爸受伤了

 故事屋

电话那头阿信妈妈急促地说道。

叮叮叮……放学回家的路上，阿信的手机响了。

阿信飞奔回家，发现爸爸正在被抬进救护车。

阿信赶紧跳进救护车，跟随妈妈一起去医院。

阿信，你爸爸今天出门买菜的时候，在小区门口被飞驰而来的跑车撞了。

晚上回到家，妈妈告诉了阿信事情的经过，阿信愁眉苦脸的，也顾不上图书分类的工作了，只盼爸爸能早日康复。

令人担心的是，阿信妈妈是全职太太，万一爸爸不能工作了，那么家里的生活开销、房贷、车贷怎么办，还有她的暑期夏令营……

小朋友们，考虑一下，此时如果能有一个"人"捧着钱，敲开阿信家的门，帮助阿信家解决阿信爸爸的医疗费，或是家里的房贷、车贷、学费等开支，那么阿信妈妈和阿信的压力是不是会小很多呢？

顾准爷爷出主意

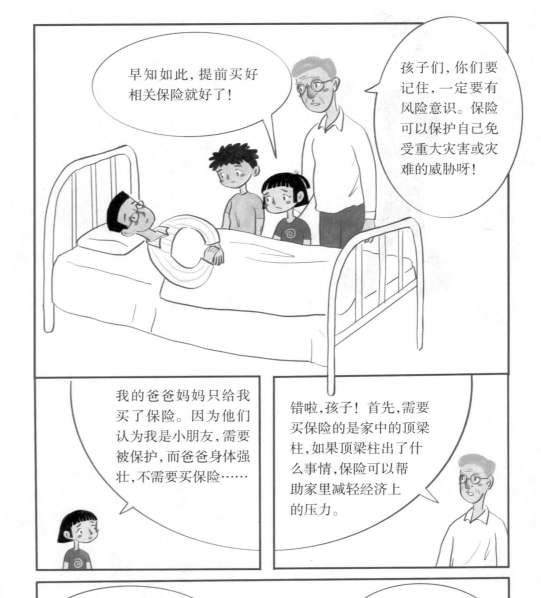

早知如此，提前买好相关保险就好了！

孩子们，你们要记住，一定要有风险意识。保险可以保护自己免受重大灾害或灾难的威胁呀！

我的爸爸妈妈只给我买了保险。因为他们认为我是小朋友，需要被保护，而爸爸身体强壮，不需要买保险……

错啦，孩子！首先，需要买保险的是家中的顶梁柱，如果顶梁柱出了什么事情，保险可以帮助家里减轻经济上的压力。

那我赶紧回家跟妈妈说，让她尽快买好保险！

你不要急，先照顾好叔叔，等他身体康复后再重新规划保险。

探究小达人

什么是风险意识？我们可以从哪些方面着手来保障我们的日常生活？小组合作，一起来探究吧。

小组合作设计方案

- 我们小组的成员：

- 我们的探究方式：

- 什么是风险意识？

- 我们生活中可能存在哪些风险？

- 保险可以从哪些方面保障我们的日常生活？

- 关于风险意识，我们还想了解：

小贴士：可以去图书馆、上网查阅资料，也可以询问自己身边的人了解知识。

潘序伦爷爷讲知识

① 什么是保险

保险是一种安全的保障。从法律的角度看，投保人向保险人缴纳保费，保险人在被保险人发生合同规定的损失时给予补偿，或者当被保险人死亡、伤残、疾病或者达到合同约定的年龄、期限时承担给付保险金的责任。

对于个人或家庭而言，付出保险费，从而获得了保障。

例如：现在医疗费用非常高昂，一旦家庭成员疾病或者受伤，那么这个家庭很有可能被巨额的医疗费用压垮。如果大家提前购买了健康保险，相当于把一些钱放到一个盒子里由保险公司保管，一旦某一家出现了之前约定的风险，那么就可以由保险公司从这个盒子里取出钱来承担大部分的医疗费用了。

② 保险有哪些种类

市场上保险产品很多，基本分为六大类：意外险、健康险、寿险、养老险、子女教育险和投资理财类保险。一般情况下，选择保险也要按照这个先后顺序，不要搞错了。

意外险、健康险
⬇
寿险、养老险、子女教育险
⬇
投资理财类保险

③ 投保人

投保人指的是与保险人订立保险合同，并按照保险合同负有支付保险费义务的人。

④ 被保险人

被保险人指的是在保险事故发生时，受到保险合同保障的那个人。在我们的故事里，如果给阿信家里的顶梁柱——爸爸投保意外险，那么爸爸就是被保险人。投保人和被保险人可以是同一个人哦！

⑤ 受益人

受益人指的是购买人寿险时，由保险人或投保人指定，若被保险人死亡，保险公司赔偿金的支付对象。在我们的故事中，如果阿信的爸爸投保人寿险，并指定阿信的妈妈为受益人。那么，万一阿信爸爸因为这次交通事故死亡，保险公司需要向阿信的妈妈支付赔偿金。

⑥ 保险人

保险人指的是和投保人一起订立保险合同，并承担赔偿或者给付保险金责任的保险公司。

 **小小调查员**

每个家庭对于保险规划是不同的，请你做个调查，了解自己家庭或者亲朋好友家办理过哪些保险业务。

保险小调查

时　间		调查方式		
调查地点				
保险种类	投保人	被保险人	受益人	保险人

我的感想：

第 3 课　小小"保险公司"

故事屋

周六下午，立威接到了社区阅览室老师的电话。

立威、阿信，最近你们分类、整理的图书中出现了许多错误，这次有 16 本书分错了位置，给读者们造成了很大的困扰。如果下次还有书分类错了，可能会扣钱惩罚咯。

知道了，我们下次会更加细心地分类……

立威、阿信既郁闷又懊恼。他们请了学弟学妹们帮忙，虽然自己轻松了，但是因为他们的失误可能会被扣钱惩罚。

阿信，刚刚阅览室的老师说如果再出现工作失误，每本图书最低罚款20元。

20元不是小数目，他们刚刚开始接手这个工作，失误是不可避免的。

聪明如你,是否可以帮助立威和阿信解决目前的难题呢?

顾准爷爷出主意

我有一个好办法，每位小帮手可以每个月交6元，把这些钱集中在一起，如果谁出现工作失误，则用这些钱来补偿给阅览室，这样小帮手们也不会被单独罚钱了！

顾准爷爷，帮我们想想办法吧！

这真是个好办法！

为了公平公正，这些钱必须由一位专业的"经纪人"为你们保管。同时，你们也需要付给经纪人管理费用，并和经纪人签订合同哦！

顾准爷爷，您可以不可以做我们的经纪人呢？

你们可以去问问小红爸爸。他在证券公司上班，很有头脑，说不定可以给你们提供更多帮助呢！

探究小达人

请你开动脑筋，帮助立威、阿信设计其他可以解决问题的方案。

我是这样设计的：
_____

_____

_____

_____

_____

_____

_____

_____

_____

_____

_____

_____

你我来交流

保险单（正本）的图片

你知道如何办理一份保险吗？

是不是没有钱就不需要保险了呢？或者说很有钱，也不需要保险了呢？

_____

_____

_____

_____

潘序伦爷爷讲知识

① 保单

　　保单就是投保人与保险公司签订的合同。保单上规定，哪些损失可以获得赔偿，保单的成本（保费）是多少，损失发生后的受益人等内容。

② 保费

　　保费就是投保人在购买保险时向保险公司缴纳的费用。

③ 保额

　　当合同上规定的损失发生时，保险公司应该赔付给被保险人的金额。

第 **4** 课　善用保险小达人

故事屋

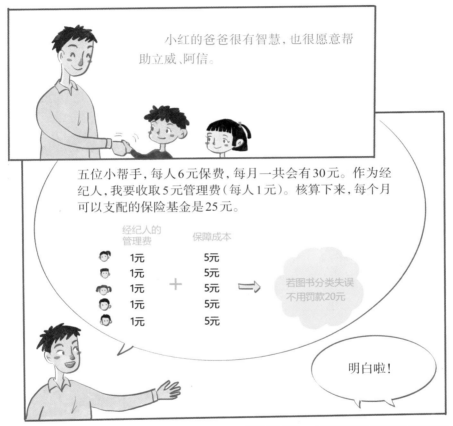

小红的爸爸很有智慧，也很愿意帮助立威、阿信。

五位小帮手，每人6元保费，每月一共会有30元。作为经纪人，我要收取5元管理费（每人1元）。核算下来，每个月可以支配的保险基金是25元。

经纪人的管理费	保障成本
1元	5元
1元	5元
1元	5元
1元	5元
1元	5元

若图书分类失误不用罚款20元

明白啦！

一年要交的保费是72元（6×12=72元），也是不小的成本了。

两个月之后，小明和小红两人发现，他们已经连续两周没有出现工作失误，但保费却照常在交。他们不想继续交保费，却又怕出现失误被罚钱。

让顾准爷爷帮帮我们吧。

想一想

　　同学们，你们有什么办法能让小明与小红既能参与保险，又能保障自身利益不受损失？

　　他们可以这样做：

顾准爷爷出主意

每人每月交20元。若在此期间出现工作失误被社区阅览室罚钱，当月的20元没收；若一年内没有出现工作失误，则一年后返还240元给小帮手。

我们提前约定，必须连续交满一年才可以享受年终返还的权利。

这真是一个好方法！

我们是不是会亏钱呢？

你们可以好好利用保险基金，扣除因为小帮手工作失误需要赔偿给阅览室的钱之后，剩下的钱可以由小红爸爸进行投资，这样你们的"闲钱"就可以增值啦。

这个主意真棒！

 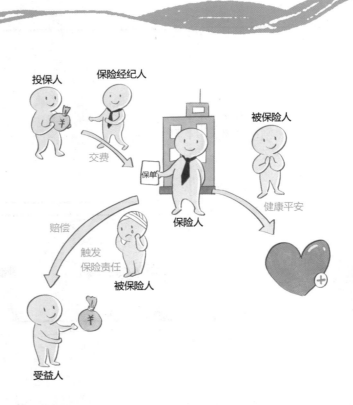你我来交流

生活中有没有接触过这些角色？请你也尝试绘制一张保险人、投保人、被保人、受益人、保险经纪人的关系图。

① 保险经纪人

保险经纪人可以帮助投保人拟定保险方案，办理投保手续，协助进行索赔工作等。保险经纪人的收入来源是提供中介服务收取的佣金。

保险经纪人不属于任何一家保险公司，且保险经纪人可以给保险人介绍很多家保险公司的产品。

② 保费去了哪里

保险公司收取保费之后，将保费大致分为三部分：公司运营费用、预计事故赔付金、投资资金。

保险公司每年把足够的钱留在公司内部，就是为了保证当保单上的事故发生时能够有足够的钱赔付给被保险人或者受益人。

③ 保险公司的主要利润来源

保险公司的主要利润来源是投资收益。

我们的故事里，小红的爸爸也扮演了保险公司的角色（事实上，保险公司和保险经纪人不能为同一人）。

小红爸爸扮演了保险公司的角色，用部分保费投资到他所在公司的理财产品里，到期后获得的收益一部分用来偿付给小"员工"们，另外一部分实际上就成为了小红爸爸的收入啦。

阅读角

你知道保险的起源吗？

近代保险起源于海上保险。很久很久以前，地中海附近的商船出海时，十艘船里总会有一艘船发生事故。每次事故都会带来单艘船难以承受的巨大损失。

后来，有人建议，商船互相联盟，每家都把货物平均放在十艘船上。这样即使某艘船发生意外，也仅仅会导致每家10%的损失。但是，由于货物很重，搬运不便，并且船出海后航程和航行路线均不能统一，所以凑齐十艘船同时出发的操作很难实现。

为此，有人又提议，每艘船出10%的费用。一旦某艘船发生事故，则由该费用全额补偿；若无事故发生，则费用不返还。

这就是海上保险。

实践不停步

请为你的家人设计一套保险方案。

我是这样设计的：

第五单元

我的钱我做主

故事屋

今年我收到了好多压岁钱，可以买好多想要的东西了！

新闻:"×××小朋友过年收到的压岁钱有4位数之多!"

哇,这可以买多少好东西啊!

你不用不好意思,我们家里约法三章,每个孩子的压岁钱最多不超过50元,因为压岁钱是表达长辈对我们的关心喜爱,保佑平安,不是攀比,也不能因为压岁钱而让大家感到压力啊。

你收到了多少压岁钱? 我收到的没有别人多,为什么觉得有点不好意思。

你会不会和其他人比较收到的压岁钱呢?

 小小调查员

同学们过年的时候会不会收到压岁钱？你们会把压岁钱交给爸爸妈妈还是自己保管？同学们都会用压岁钱买什么？ 我们按照以下步骤来进行吧。

① 盘点我的小金库

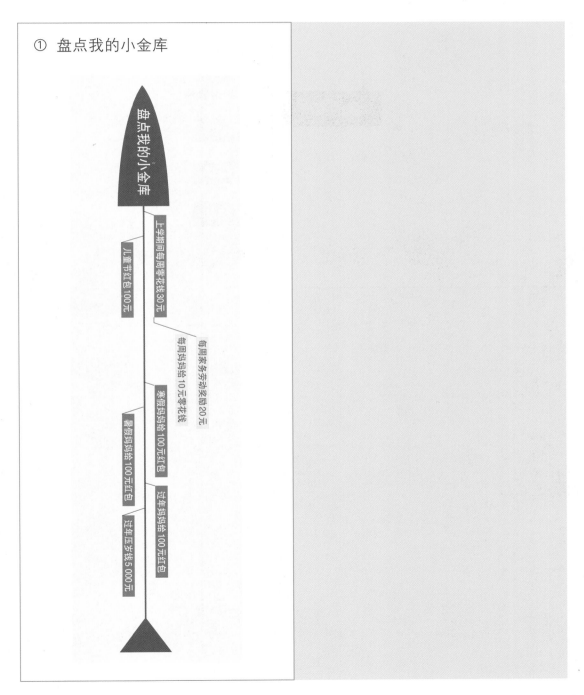

盘点我的小金库

上学期间每周零花钱30元

儿童节红包100元

每周家务劳动奖励20元

每周妈妈给10元零花钱

寒假妈妈给100元红包

暑假妈妈给100元红包

过年妈妈给100元红包

过年压岁钱5 000元

② 我的资产

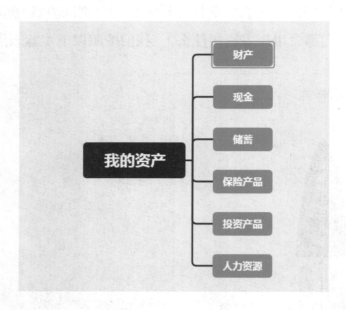

③ 我的现金流量表

我的现金流量表

每年收到零花钱（+1 440）

收到寒暑假六一节红包（+300元）

收到压岁钱（+5 000元）

收入 +

花掉（-1 160）

储蓄（-2 500）

购买保险（-2 000）

支出 -

想一想

按照上面的现金流量表，我们可以知道自己小金库里的钱都流向何方。那么这些钱都消失了，还是变成了有价值的东西？你能说出哪些是有价值的东西吗？

小金库中钱的用途：

_____

_____

_____

_____

_____

_____

_____

购买了哪些有价值的东西：

_____

_____

_____

_____

_____

小金库

怎样才能管理好自己的小金库呢?

一起来听一听顾准爷爷的主意吧!

1. 要坚持记账。

2. 出去购物养成保留消费记录的习惯,便于归纳整理。

3. 反思自己的消费有哪些价值。

资产的定义①

资产是指能够给你和企业带来经济利益的资源。

比如，家里的房子可以住，这是房子带来的经济利益，所以房子是资产。汽车可以驾驶，也可以带来经济效用，所以汽车也是资产。工厂可以生产产品，用来出售获取收益，所以工厂是资产。

资产包括流动资产、投资性资产、实物性资产和消费性资产等。

1. 流动资产是指在一年内或者超过一年的一个营业周期内可以变现、使用的资产，比如现金、活期存款、定期存款这种可以随时取随时用的资产就属于流动资产。

2. 投资性资产是指长期持有的，以保值、增值为目的的金融产品或房地产，比如股票、期货、债券一类可以带来利益的金融产品就属于投资性资产。通常父母会给同学们买一些保险来保障同学们的健康和安全，而股票、期货、债券之类的投资产品会存在一定风险。

3. 实物性资产是指像住房、私人交通工具、收藏品之类使用时间较长的物品，同学们目前能够拥有的实物资产可能只有自行车或是长辈送的收藏饰品。

4. 消费性资产是指满足人们日常生活需求，给人们带来使用效益的资产，例如衣食住行、学习娱乐方面的物品，这也是同学们除了存

（① 注：资产种类繁多，分类标准也各有不同，感兴趣的同学可以自己搜集资料，增加了解）

款之外拥有最多的资产，只要进行日常购物，这类资产就会增加。

5.还有一种特殊的资产：劳动资产或者称为人力资源。

千万不要小瞧了它！从本质上来说，所有资产能够发挥作用，带来收益，都是建立在劳动资产之上的。人们如果学习知识技能越多、工作经验越丰富、身体越健康则积累的劳动资产就越多，也就能带来更多的收益。

与资产相对应的就是负债了。那么什么是负债？

负债的定义

负债是企业或个人所承担的能以货币计量，需以资产或劳务偿还的债务。也就是说，因为过去的一些行为和事务，最终企业或者个人要支付一笔资金或者劳动给别人，这就是负债。比如贷款买房子要还房贷，贷款买汽车要还车贷。

故事屋

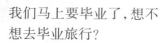

我们马上要毕业了,想不想去毕业旅行?

听起来不错啊,我们做个预算吧。

我已经想好了,我想去海岛度假,我最喜欢大海和沙滩,我还要吃海鲜大餐!

嗯,听起来确实很不错。我来看看我有多少钱,以及我后面有什么重要的事情要做。

 马上就要上初中了,初中的学费、书费我想自己承担一部分

 游学,参观

 我感兴趣的 AI 和机器人比赛,我还需要买些资料

这些都扣除后,我大概有 2 000 元钱可以支配

哇,那也太少了吧,海岛游就算去海南也要5 000元呢,不然你让你妈妈赞助点吧。

我觉得我还是想想怎么把这2 000元钱用得超值比较好,即便有家长赞助,我也想用自己剩下的钱为自己付钱。不如穷游一下吧,可以去订快捷酒店,找个原生态的地方,又便宜又有意思。或者如果预算不够,我可以跟妈妈商量下帮她做点什么能赚点零花钱。

好啊,比衣来伸手饭来张口有意思得多。

立威和阿信开始制定旅游费用预算表。

旅游费用预算表 (地点：千岛湖)	
旅游人数：4人	旅游天数3天
预算项目（1人）	金额（单位：元）
来回路费	300
住宿费	500
伙食费	200
景点出行	200
门　票	100
纪念品	500
生活用品	100
合计（1人）	1 900

    同学们，请你们帮立威和阿信看看，他们制定的旅游费用预算合理吗？立威可以把自己的预算控制在 1 500 元以内吗？（提示：哪些可以买，哪些可以少买或不买？）

    世界上有许多东西，但我们不可能全部拥有，所以不得不做出选择。我们需要弄清楚，我们想要什么？我们需要什么？哪些是必要的？哪些不是必要的？

 活动园

请同学们课下观看《翻山涉水上学路》，并谈谈自己的感受。你认为我们的生活中哪些东西是必要的？哪些东西不是必要的？

提示：他们的上学路途需要多长时间？交通工具是什么？会有什么样的风险？

_____

_____

_____

_____

你认为自己上学路有什么困难？跟他们的上学条件相比呢？

_____

_____

_____

_____

_____

故事屋

阿信，我看到筹款平台上有很多生病求助的信息，我觉得好可怜啊。

是的，如果我看到了，我就会捐出一天餐费给他们，力所能及帮一点小忙。很多人都是得了重病，家里负担不起医药费。其实，我们应该帮助人们在健康的时候建立保险观念，在他们还没有生病遇到困难的时候帮助他们。防患于未然，才能真正帮到他们。

没错，阿信，我们帮一个人也只能帮一点点，但是如果我们可以帮助人们提前做好自己的风险保障规划，会帮到更多人，帮助也会更大。

两人在自己的旅游预算中精打细算，共省出了50元钱捐给生病的求助者。

你有没有帮助过他人？你是怎样帮助的？你有什么感受呢？帮助别人会不会影响你的生活？

慈善是指出于人的善良与对他人遭遇的同情，捐赠或资助他人的社会活动。进行慈善与捐赠要量力而行，也要讲究方式方法。当每个人遇到困难时，他人的帮助可以使这个群体更好地延续下去。助人即是助己。在非洲的原始部落，分享和帮助不是美德，而是一种生存法则。

 你我来交流

1. 面对 2020 年突如其来的新冠疫情，你认为哪些人需要帮助？

_____

_____

_____

_____

2. 我们身边什么样的人为抗疫和防疫工作做出了贡献？

_____

_____

_____

_____

3. 同学们自己或者身边有没有为大家提供帮助的事情？

_____

_____

_____

_____

顾准爷爷出主意

如何判断自己的欲望是否恰当？

当我们想得到一件东西或者达到一个目的时，可以问问自己，为什么想要？

为什么想要这件衣服？那双球鞋？为什么想要更好的学习环境？

你是出于攀比，还是出于想获得某种关心，还是想获得某种帮助等等？

它的代价大吗？是不是你们家庭预算中计划的？有没有其他的替代方法，其他替代方法是不是能达到同样或者更好的效果？

我们可以试试判断下自己的欲望是必需的还是非必需的，它是来自心理需求（比如过多的课外读物，没时间看但是觉得买了就像掌握了知识一样）还是单纯的功能满足（比如课本、教材、参考资料）。

也许当你静下心来，好好体察自己的内心，你就有了答案。

马斯洛需求层次理论是亚伯拉罕·马斯洛于1943年提出的，后来经过多次发展。其基本内容是将人的需求从低到高依次分为生理需求、安全需求、社交需求、尊重需求、认知需要、审美需要和自我实现7种层次：

自我实现
审美需要
认知需要
尊重需求
社交需求
安全需求
生理需求

第一层次：生理上的需要是指要满足吃饱穿暖等维持生命的基本需要。它是最强烈的、最底层的需要。

第二层次：安全上的需要是指劳动、生活稳定安全的需要。

第三层次：社会上的需要是指情感和归属的需要。它与前两层级截然不同，会影响人的精神状态、工作效率和情绪。

第四层次：尊重的需要，包括自我尊重、评价和他人尊重，以及权力欲。这一层次的需要很少能够得到完全的满足。

第五层次：认知与理解的需要是指对未知的探索、理解及解决疑难问题的需要。

第六层次：审美的需要是指人对美的生理、心理、精神的需求、欲望。

第七层次：自我实现的需要是最高级的需要，是一种创造的需要。

阅读角

慈善不需要炫耀，做慈善也要做到尊重被帮助的对象。

第二次世界大战期间，荷兰遭到德国侵略。战争让许多人流离失所，四处逃难，食不果腹。费尔南德一家因为德国后裔的身份得以逃过德军的伤害。尽管当时家里的经济状况谈不上富有，但费尔南德还要去帮助那些饥饿的逃难者。每天早晨，他都会早早站在自家门前，看到有逃难者经过，就走上前请求对方帮助他，到自家院子里把一根长木头抬到门口。作为感谢，费尔南德会拿出食物送给逃难者。等逃难者带着食物离开后，他再次站到门口等待下一个逃难者，请他把门口的那根长木头帮忙抬到院子里，同样，费尔南德会拿出食物以示感谢。就这样，一根木头每天反反复复被抬来抬去，费尔南德用这种特殊的方式帮助了一个又一个饥饿的逃难者。

费尔南德这种既给予帮助又呵护了受助者尊严的行善方式，受到了荷兰人的推崇。1964年，在费尔南德逝世一周年后，荷兰郁金香基金会成立，决定为他建一座塑像以示对他的纪念，并在荷兰大力提倡这种"一手给予帮助、一手给予尊重"的慈善行为。

慈善的目的是使接受资助的人从此改变他们的生活和命运，慈善不是良心发现时偶尔的施舍和恩赐，而是每个人从内心深处发出的对他人的同情与关爱。帮助别人是一种快乐，行善也是一种心灵的愉悦。不论身份、地位、贫富，人人都是平等的，人人都应该彼此尊重。捐献和受助要在平等、自然、和谐的状态下进行。尊严无价，如果伤害了受助者的尊严，给予再多的物质帮助也无法弥补。

（注：故事引自网络，原始出处《做人与处世》、《课外阅读》等）

第 **3** 课　我的钱会增加还是减少

 故事屋

阿信，今天是我的生日，爸爸妈妈和亲戚给了我好几个大红包。我可要算算这个月的进账了。

生日快乐！立威，你只算进账，有没有算过支出呢？

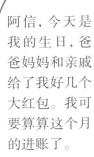

这个是自然啦，我最会精打细算了。争取每年都有结余，哈哈。

告诉你个秘密，立威，我有个办法，不仅可以精打细算，还可以让我们的零花钱变得更多哦。

好朋友，可是要讲究分享的啊。

没问题！

立威当月的现金流量表

立威4月的现金流量表 (单位: 元)	
收 入	
项 目	金 额
家务劳动固定收入(每月固定需完成)	30
变卖废品收入(可回收垃圾等)	20
在家庭内部的交易收入(如自己的手工艺品,或者劳动服务,有家人需要可订购)	50
幸运收入(奖励等)	100
收入合计	200
支 出	
文 具	50
书 籍	40
食 品	80
支出合计	170
合计(收入-支出)	30

立威的收入来源:

1. 必要家务劳动换取的零花钱。比如,自己的物品整理、清洁;每天洗碗。

2. 处理废品。

3. 每月不固定收入在50元左右。为家人服务奖励,如立威帮助全家准备早餐,一次2元钱奖励。财富沙盘游戏收入——立威有时会设立财富沙盘游戏,奖品有劳动服务如清洁、整理等,自己做的手工等,可以兑换收入。

4. 幸运收入:每年收到家里人的红包,以及学习方面的奖励。

立威的支出:立威每天买一些小东西、零食,花多少钱由他自己做主,但是购买价格在30元以上的东西需要征得家长的同意。

立威当年的现金流量表

立威去年的现金流量表 (单位: 元)	
收 入	
项 目	金 额
家务劳动固定收入 (每月固定需完成)	360
变卖废品收入 (可回收垃圾等)	240
在家庭内部的交易收入 (如自己的手工艺品,或者劳动服务,有家人需要可订购)	300
幸运收入	800
压岁钱	5 000
利息收入	75
保险现金价值增加	80
收入合计	6 855
支 出	
文 具	600
书 籍	480
食 品	960
储 蓄	2 500 (年息3%)
保 费	2 000
支出合计	6 540
合计 (收入-支出)	315

　　立威的收入来源还增加了利息收入和保险现金价值收入。这些都是立威进行储蓄和保障的收益。

　　开源节流是中国古代的一种理财思想。开源是指促进生产,增加财富;节流是指节衣缩食,减少支出。即主张理财之道在于积极发展生产,增加财源,同时注意降低消费,减少支出,最终达到储蓄增加的目的。这一思想最早由春秋时期思想家孔丘提出。

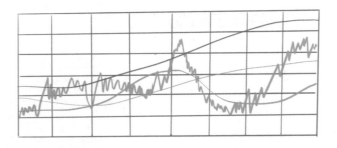

阿信刚刚跟爸爸一起学习股票,接触股票投资不久,她和爸爸一起尝试模拟投资。

哇塞,这个月的收益竟然达到了100%！爸爸,我们不会是中国巴菲特吧,哈哈哈！

阿信,你可不要高兴得太早,高收益是有高风险的。

不会的,我的运气比较好,我决定把我的压岁钱投资股票,爸爸代我操作下吧。

这下,可是亏大了！

也好,你也体会一下。

果不其然,不久之后阿信所购买的股票连续几天累计下跌近40%,先前的涨幅又全部亏回去了。阿信被这突然的损失吓坏了,担心会有更大的损失,赶紧卖出了手中的股票。

投资风险

投资风险是指对未来投资收益的不确定性，在投资中可能会遭受收益损失甚至本金损失的风险。例如，股票可能会被套牢，债券可能不能按期还本付息，房地产可能会下跌等都是投资风险。投资者可以采取一些方法降低风险。例如，分散投资是有效的科学控制风险的方法，也是最普遍的投资方式，将投资在债券、股票、储蓄等各类投资工具之间进行适当的比例分配，可以有效降低风险。

唯有懂得风险后，才能讲投资。人们之所以害怕承担风险，最主要是由于预先难于断定风险活动会成功还是会失败。大家不要忘记，对自己的投资才是最重要的！

投资对象和对应的风险：

投资对象	风险大小（☆越多风险越大）
银行储蓄	☆
保险年金	☆（收益大小看合同规定）
货币基金	☆☆
混合基金	☆☆☆
股票基金	☆☆☆☆
期　　货	☆☆☆☆☆
互联网金融点对点信贷平台	☆☆☆☆☆☆

有一位银行理财经理向你的妈妈推荐一款理财产品。

"这款产品收益特别高、特别安全，相信我。"你觉得这位理财经理的话可信吗？如果你的家人买入一款理财产品，如何分析这款产品的风险收益呢？

顾准爷爷出主意

选择一个投资对象，记录下自己模拟投资的收益吧。

投 资 我 尝 试	
投资人：	本金：
计划投资项目：	
投资时间：	
买入价格：	
卖出价格：	
买入价格：	
卖出价格：	
……	
我的收益和体会：	

潘序伦爷爷讲知识

什么是高风险高收益？

高风险是指投资损失的可能性比较高，高收益是指获得回报的比例高。这句话的意思是指人们如果想在投资上获得高收益率则必然要承担高风险。通俗来说，天上不会掉馅饼，世间没有免费的午餐。人天性上讨厌亏损，但人性却喜欢追求高收益。在公平的市场上，如果人们需要承担更多的风险，就自然会要求更高的回报弥补他们承担的风险。所以，在公平有效的市场中，高风险和高收益是相辅相成的。

实践不停步

同学们，尝试着列出两张现金流量表吧。

× 月的现金流量表 (单位：元)	
收 入	
项 目	金 额
收入合计	
支 出	
支出合计	
合计（收入−支出）	

一年的现金流量表 (单位：元)	
收 入	
项 目	金 额
收入合计	
支 出	
支出合计	
合计（收入−支出）	

阅读角

第二次世界大战时期，在奥斯维辛集中营里，一个犹太人对他的儿子说："现在我们唯一的财富就是智慧，当别人说一加一等于二的时候，你应该想到大于二。"纳粹在奥斯维辛集中营毒死了几十万人，父子俩却活了下来。

1946年，父子俩来到美国休斯敦做铜器生意。一天，父亲问儿子："一磅铜的价格是多少？"儿子答35美分。父亲说："对，整个得克萨斯州都知道每磅铜的价格是35美分，但作为犹太人的儿子，你应该说35美元，你试着把一磅铜做成门把手看看能卖多少钱？"20年后，父亲死了，儿子独自经营着铜器店。儿子始终牢记着父亲的话，他做过铜鼓，做过瑞士钟表上的弹簧片，做过奥运会的奖牌。他甚至把一磅铜卖到3 500美元，这时他已是麦考尔公司的董事长了。

然而，真正让他扬名的是纽约州的一堆垃圾。1974年，美国政府为清理自由女神像翻新扔下的大堆废料向社会广泛招标，但没有人投标，因为在纽约州垃圾处理有严格规定，处理不好会受到环保组织的起诉。当时他正在法国旅行，听到这个消息后，立即终止休假飞往纽约。看过自由女神像下堆积如山的铜块、螺丝和木料后，他一言不发，当即与政府部门签下了协议。消息传开后，纽约许多运输公司都在偷偷发笑，他的许多同僚也认为废料回收吃力不讨好，能回收的资源价值实在有限，这一举动实乃愚蠢之极。当这些人都在等着看笑话的时候，他已开始组织工人对废料进行分类整理了。他让工人把废铜熔化，铸成小自由女神像，旧木料则加工成底座，废铜、废铝的边角料则做成纽约广场的钥匙。他甚至把从自由女神像身上扫下的灰尘都包装起来，出售给花店。结果可想而知，这些废铜、边角料、灰尘都以高出它们原来价值的数倍乃至数十倍卖出，且供不应求。不到3个月的时间，他让这堆废料变成了350万美金，每磅铜的价格整整翻了1万倍。

这些看似细小但却无处不在的智慧就是犹太商人开启成功之门的钥匙，这些智慧就是犹太人的财商。人们惊呼，犹太商人聚敛财富的灵巧和诡谲如同魔术师一样。

（注：故事节选于网络）

第 4 课 我的规划与执行

 故事屋

阿信，你准备用自己的小金库做点什么呢？你有什么理财计划吗？

当然有啊，我每年在收到最后一笔压岁钱的时候都会开始制定自己的理财计划。

哇，说来听听，我要参考一下。

我首先考虑自己需要什么，我自己喜欢看书，喜欢去可汗学院听听网课，也喜欢动手编程，所以我会先把自己学习网课、买书的经费留下来。

然后，我是一定会给自己的医疗险留足预算。我的医疗险价格便宜保额高，除了我自己还给全家也都配置了。有句话说得好，小概率大风险，医疗险就是解决这个问题的。

最后留下的余钱，我会全部存起来买教育金用于高中大学的学费，可以给爸妈减轻负担，自己也有掌控的感觉。怎么样，立威，我的计划不错吧？

哈哈，阿信，我今天跟你学到两招啊，买医疗险和教育金，回头我和爸爸妈妈一起研究下。

 故事屋

制定自己的理财小目标

1. 理财目标：

正确的理财观念并非以累积越来越多的财富为目的。金钱只是实现目的的手段。在赚钱之前，都应该有一个大致的目标：我赚钱用来干什么？理财只是助你更快达到这个目的的一种手段。所以，理财的首要任务是确定人生不同阶段要做的事情，并由此得出所需要的资金数目。

2. 个人理财目标所应具有的特征：

（1）可以测量：目标有具体的金额。

（2）有一定的难度：需要通过一定的努力才能完成。

（3）努力可达到：通过自身努力可以达到，而不是完全不可能实现。

（4）阶段性：半年、一年或者几个月。

练一练

你的理财小目标有哪些？请写下来吧。

目 标	作 用	金 额	时 间
书 籍	可以开阔眼界，又可以与同学交流阅读心得。		
对家人的爱	给家人准备礼物，表达自己的心意。		
慈善公益	帮助其他困难的人，能助人为乐。		
交学费	可以减轻家长的经济负担，培养自立精神和家庭责任感。		
保 障	意外、医疗、重疾险等。		
储 蓄	积累资金，风险可视为0。		
货币基金增值	承担一定风险情况下获取收益。		
……	……	……	……

　　以上只是理财小目标中的一部分，同学们可以根据自己的实际情况来制定自己的目标。可以进一步将这些目标与具体的金额联系起来，设立出一个具体的也更接近自己心意的理财目标。

一起来规划

我们可以和爸爸妈妈一起来做规划，计算出每个目标所需要的资金，以及我们如何获得这笔资金，是否具有可行性。具体的方法有：

1. 树立勤俭节约的传统观念，理性消费。

2. 尽可能多地掌握理财的方式，制定一个具体的实施方案：列出哪些东西是应该买的，哪些东西是可买可不买的，以及哪些东西是一定要买的但是暂时可以不买的。

3. 有规律地安排每天的饮食，把自己的基本生活费控制在合理的范围内。

4. 平时减少逛街购物的次数，面对商家促销、打折等活动一定要理性。

5. 与理财有道的朋友交流经验，使自己的理财规划更完善。

6. 利用课余时间可以充分动脑想些主意增加收入，所得报酬作为理财目标的储备资金。

7. 养成储蓄的良好习惯，每天、每月存一些，积少成多。

在做到以上几点以后，每个月都会有节余，这样余额就会自动流入下个月的生活费，长期坚持可以形成一个良性循环，不仅功在现在，也利在未来。

……

认真去执行

很多事情都是说起来容易做起来难，进行理财尤其如此，所以在制定了相应的计划后，就需要我们认真去执行。我们可以采取以下方式来促进计划的实施。

1. 给自己设定合适的限制。比如，每天吃零食的习惯可以适当减少次数与花费的钱数，垃圾分类的习惯可以坚持或者适当扩大规模。

2. 可以找人监督。比如，几个同学可以一起形成监督小组，平常的时间里互相监督，互相介绍经验。

3. 定期进行总结与回顾。在制定并实施了理财计划后，过一段时间，同学们可以拿出自己的现金流量表，把它与这段时间的理财小目标进行对比。如果发现理财目标难以达到，就可以适当地改变调整计划。如果很容易就能达到，也可以适当提高目标。

4. 适当的奖励。适当的奖励会激发我们的动力。比如说，同学们可以提前从自己的理财计划里设定奖励基金，自己实现了目标就可以购买想要的东西。

目　标	×月存入	总金额	完成度
书　籍			
对家人的帮助			
慈善公益			
交学费			
保　障			
储　蓄			
货币基金			
奖励基金			
……	……	……	……

想一想

在什么情况下，我们容易抵制不住诱惑，打破我们制定的计划？你有什么好的办法来改善它吗？

顾准爷爷出主意

　　我们要养成对自己每天做的事情做个计划、做个回顾的好习惯。我们可以跟爸爸妈妈商量，对自己哪些行为做出奖励，哪些行为做出惩罚？可以想一些好玩的方法来让我们的坚持变得更有意思。比如，我们可以设计一个翻倍计划，如果能够连续坚持10天计划，那么我们可以得到一个小小的奖励；如果能够坚持20天计划，奖励可以翻倍；如果能够坚持100天计划，则可以获得一个大大的奖励。大家还可以开动脑筋，想想其他好玩又有趣的方法。

你知道时间是有价值的吗？

货币时间价值是指货币经历一定时间的投资和再投资所增加的价值，也称为资金时间价值。也可以简单理解为货币在社会投资中获得的平均收益。

下面这张表格告诉我们，如果存入100元钱到银行，每年的利率是4%，滚动存款，那么随着时间的增长，本息总金额会呈现指数增长。

时　间	本息金额
0年	100
1年	104
2年	108.16
3年	112.4864
5年	121.6653
10年	148.0244
20年	219.1123
30年	324.3398
40年	480.1021
50年	710.6683
60年	1 051.9627

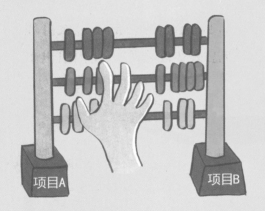

项目A 项目B

你现在每个月的花费中有哪些钱是可以节省下来的，可以节省多少钱？假如每年利率是4%，如果你把它存入银行，等你上大学的时候变成多少了？你可以用这笔钱做些别的什么事？这么做你愿意吗？

交流会

同学们分小组进行讨论，如果你们有自己的小金库，准备怎么打理它们呢？大家各自有什么样的计划，又准备怎么实现它们，互相出出主意吧。

活动园

　　同学们可以通过一些理财沙盘游戏，体验一下工作、挣钱、投资、储蓄等内容。每个环节充满了各种不确定性，可能有收益，也可能会造成损失。大家在玩游戏之前制定不同的目标，然后大家根据自己的目标制定计划，看谁能够最先实现自己的计划吧。